Augustin Niyomukiza

Bebida MUSURURU: análise do fabrico e melhoria da qualidade

Augustin Niyomukiza

Bebida MUSURURU: análise do fabrico e melhoria da qualidade

ScienciaScripts

Imprint

Cover image: www.ingimage.com

This book is a translation from the original published under ISBN 978-620-6-71911-3.

Publisher:
Sciencia Scripts
is a trademark of
Dodo Books Indian Ocean Ltd. and OmniScriptum S.R.L publishing group

120 High Road, East Finchley, London, N2 9ED, United Kingdom
Str. Armeneasca 28/1, office 1, Chisinau MD-2012, Republic of Moldova, Europe
Printed at: see last page
ISBN: 978-620-7-93958-9

Índice

INTRODUÇÃO 4

CAPÍTULO 1. INFORMAÇÕES GERAIS SOBRE O SORGO, AS CERVEJAS TRADICIONAIS À BASE DE SORGO E O AMBIENTE DE ESTUDO 7

CAPÍTULO 2. MATERIAIS E MÉTODOS DE INVESTIGAÇÃO 20

CAPÍTULO 3. RESULTADOS DA INVESTIGAÇÃO E DISCUSSÃO. 33

CONCLUSÃO E PERSPECTIVAS 49

BIBLIOGRAFIA 51

RESUMO

A nossa investigação inscreve-se no âmbito do desenvolvimento da bebida alcoólica "*musururu*" produzida localmente na cidade de Goma. Por isso, foram efectuadas análises físico-químicas e microbiológicas desta bebida, a fim de a melhorar do ponto de vista tecnológico, microbiológico e sanitário. O inquérito semi-estruturado permitiu-nos identificar três tecnologias diferentes de produção de "*musururu*" na cidade de Goma. Foram identificados os pontos críticos em cada operação unitária na produção desta bebida. Foi então proposta uma tecnologia melhorada utilizando uma levedura *Saccharomyce cerevisiae* selecionada seguida de pasteurização. A produção de "*musururu*" difere dos processos modernos na medida em que a operação de fabrico da cerveja é mais complexa e a fermentação alcoólica pelo fermento tradicional é mais rápida e mais curta, com uma fermentação láctica natural sobreposta. Foi observada uma melhor estabilidade dos parâmetros físico-químicos nas amostras obtidas com a adição de sacarose e de levedura *S. cerevisiae*, depois estabilizadas por pasteurização. Relativamente a alguns parâmetros microbiológicos, estas amostras apresentaram variações. Foi observada uma variabilidade muito elevada de certos parâmetros físico-químicos e microbiológicos para a amostra obtida de fabricantes locais.

Palavras chave: Cerveja tradicional "*musururu*", levedura selvagem, saccharomyces cerevisiae, fermentação alcoólica, pasteurização, melhoramento, conservação.

RESUMO

A nossa investigação inscreve-se no âmbito da valorização da bebida alcoólica *"musururu"* produzida localmente na cidade de Goma. É por isso que as análises físico-químicas e microbiológicas desta bebida foram efectuadas para a melhorar do ponto de vista tecnológico, microbiológico e sanitário. O inquérito semi-estruturado permitiu-nos identificar três tecnologias diferentes para a produção de *"musururu"* na cidade de Goma. Foram identificados os pontos críticos em cada operação unitária da produção desta bebida. Em seguida, foi proposta uma tecnologia melhorada utilizando a levedura selecionada *Saccharomyces cerevisiae* seguida de pasteurização. A produção de *"musururu"* diferia dos processos modernos pela maior complexidade da operação de fabrico da cerveja, pela rapidez e brevidade da fermentação alcoólica pelo fermento tradicional, sobreposto a uma fermentação láctica natural. Foi observada uma melhor estabilidade dos parâmetros físico-químicos para as amostras obtidas com a adição de sacarose, levedura, *S. cerevisiae* e depois estabilizadas por pasteurização. Para alguns parâmetros microbiológicos, estas amostras apresentaram uma variação. Foi observada uma grande variabilidade de certos parâmetros físico-químicos e microbiológicos para as amostras obtidas dos fabricantes locais.

Palavras-chave: Cerveja tradicional "*musururu*", levedura indígena, saccharomyces cerevisiae, fermentação alcoólica, pasteurização, melhoramento, conservação.

INTRODUÇÃO

O sorgo comum (*Sorghum bicolor*) é um cereal anual de origem tropical, pertencente à família das gramíneas. É cultivado em zonas semi-áridas de África e da Ásia (Louise et al, 2007). Pode ser cultivado em todos os tipos de solo (seco, encharcado ou muito salino) e é muito resistente às agro-ecologias quentes e secas. Estas qualidades conferem-lhe uma vantagem considerável em relação a outros cereais (François, 2013). É o quinto cereal mais importante do mundo em termos de produção, depois do trigo, do arroz, do milho e da cevada, com 55 a 60 milhões de toneladas produzidas por ano em 2010, incluindo 25,6 milhões de toneladas em África (Bwanganga et al, 2013).

Os grãos de sorgo podem ser consumidos inteiros ou descascados para fazer papas, cuscuz ou panquecas. O sorgo é uma importante fonte de energia e de proteínas para milhões de pessoas na Ásia e em África. É um dos principais géneros alimentícios nas regiões mais pobres do mundo, onde a segurança alimentar está ameaçada (FAO, 1990). É utilizado no fabrico de cerveja como suplemento ou substituto do malte de cevada. Embora a sua utilização seja recente, é cada vez mais utilizada na produção de cerveja sem glúten (Dicko et al., 2005).

Em África, o sorgo é frequentemente maltado e transformado numa bebida tradicional, cuja produção inclui uma fase essencial de fermentação alcoólica (Aka et al, 2008). O processo de produção e o nome da bebida variam de país para país e de região para região: *TCHAPOLO* na Costa do Marfim, *IKIGAGE* no Ruanda, *IMPEKE* no Burundi, *DOLO* no Burkina Faso e *UTSHWALA* na África do Sul (Coulibaly, 2013). No leste da República

Democrática do Congo, mais concretamente na província de Kivu do Norte, esta bebida é conhecida por "*MUSURURU*".

O "*Musururu*" tem um carácter socioeconómico notável, sendo servido em várias cerimónias e celebrações (casamentos, funerais, dotes, ...). A bebida constitui uma importante fonte de rendimento para os pequenos produtores (sobretudo mulheres), que a produzem localmente com recurso a tecnologias tradicionais. O relativo sucesso desta bebida junto dos consumidores é justificado pelo facto de o seu preço ser relativamente baixo em comparação com as cervejas ocidentais de tipo lager fabricadas por duas empresas (Bralima e Brasimba) sediadas na RD Congo (François, 2013). Congo (François, 2013). O seu elevado teor calórico, as vitaminas do complexo B, incluindo a tiamina, o ácido fólico, a riboflavina e o ácido nicotínico, e os aminoácidos essenciais, como a lisina, fazem dela um suplemento nutricional (Maoura et al, 2007).

O processo tecnológico empírico envolve dois tipos de fermentação: a fermentação alcoólica e a fermentação láctica natural (Aka et al, 1998). As condições de produção não se alteraram ao longo do tempo. Os grãos de sorgo germinados continuam a ser secos ao ar livre, ao longo de caminhos frequentados por moscas e insectos. Além disso, o processo de produção sofre de uma falta crucial de instrumentos de medição de precisão e de boas práticas de higiene, e os mostos doces sucessivos são inoculados com o fermento da fermentação anterior, com pouco conhecimento da natureza real deste fermento (Aka et al 1998). As bebidas resultantes são instáveis, de qualidade inconsistente e deterioram-se durante o armazenamento, resultando numa perda de rendimentos para os produtores. É por isso que é necessário avaliar a qualidade microbiológica e físico-química desta bebida e pensar em melhorá-la do ponto de vista tecnológico, microbiológico e sanitário.

A nossa hipótese era que a qualidade microbiológica desta bebida é má e expõe os consumidores a riscos para a saúde. Além disso, provoca enormes perdas durante o armazenamento. O controlo dos pontos críticos do processo de fabrico e o desenvolvimento de um novo produto obtido a partir de uma levedura selecionada (*S. cerevisiae*), depois estabilizada por pasteurização, permitiria melhorar a qualidade microbiológica e físico-química desta bebida.

O objetivo desta investigação é melhorar a qualidade do "*musururu*" caseiro. Especificamente, a investigação tem os seguintes objectivos

- ✓ Descrever o diagrama de produção da bebida "*musururu*";
- ✓ Identificar os pontos críticos do diagrama de produção e melhorá-los,
- ✓ Análise dos parâmetros microbiológicos e físico-químicos de bebidas tradicionais e melhoradas.

A investigação tem por objetivo reunir todas as informações relativas à tecnologia de fabrico e à qualidade higiénica da bebida tradicional "*musururu*". Em seguida, propõe uma nova tecnologia para melhorar a qualidade microbiológica e físico-química da bebida. Estas informações podem ser utilizadas em benefício dos fabricantes e da saúde dos consumidores destas bebidas.

CAPÍTULO 1. INFORMAÇÕES GERAIS SOBRE O SORGO, AS CERVEJAS TRADICIONAIS À BASE DE SORGO E O AMBIENTE DE ESTUDO

1.1 SORGHO.

1.1.1 Origem e classificação.

O sorgo é uma espécie de planta monocotiledónea da ordem Poale, da família Poaceae (gramíneas), originária de África (FAO, 1990). É uma planta herbácea anual que pode crescer até três metros de altura. É cultivada quer pelas suas sementes (sorgo de grão) quer como forragem (sorgo forrageiro).

1.1.2 Utilização.

O sorgo é um cereal cultivado por pessoas que vivem nas zonas semi-áridas de África e da Ásia. É uma fonte de alimentação para milhões de pessoas. O sorgo fornece não só grãos para consumo humano, mas também forragem (folhas, caules), materiais de construção, plásticos, agrocombustível e energia para cozinhar. (Barriere et al, 2003).

O sorgo tem uma vasta gama de utilizações na alimentação humana, e a sua utilização a nível local depende do saber-fazer de cada povo. Na indústria, é utilizado no fabrico de muitos produtos. É utilizado no fabrico de cerveja como complemento ou substituto do malte de cevada. Embora a sua utilização seja recente, é cada vez mais utilizado na produção de cervejas sem glúten (Bwanganga et al, 2013). Localmente, o sorgo é utilizado no fabrico de vários produtos, tais como: pão achatado, pão achatado fermentado, papa espessa, papa clara (líquida) e bebidas. As utilizações industriais incluem a produção de biscoitos, açúcares, xaropes, plásticos e biocombustíveis. O sorgo é utilizado para fabricar uma variedade de produtos industriais, incluindo amido, álcoois, glucose, celulose, papel, ácidos orgânicos e uma série de outros produtos químicos úteis noutras indústrias.

1.1.3 Composição química e valores nutricionais do sorgo.

O quadro **1** fornece informações sobre a composição química e o valor nutricional do sorgo.

Quadro 1: Valor nutricional do sorgo por 100g de grão inteiro

Nutriente	Unidade	Quantidade por 100g
Energia	Cal	386,02
Água	G	9,2
Proteína	G	11,3
Lípidos	G	3,3
Ácidos gordos saturados	G	0,46
Hidratos de carbono	G	68,33
Açúcares totais	G	68,33
Fibra alimentar	G	6,3
Sal	G	0,02
Cálcio	Mg	28
Ferro	Mg	4,4
Fósforo	Mg	287
Potássio	Mg	6
Vitamina B1	Mg	0,24
Vitamina B2	Mg	0,14

Vitamina B3	Mg	2,93
Ácidos gordos monoinsaturados	G	0,99
Ácidos gordos poli-insaturados	G	1,37
Ácido oleico	G	0,96
Ácido linoleico	G	1,31
Ácido α-linolénico	G	0,07

Fonte: Canadian Sorghum Nutrient File, 2013

1.2. CERVEJAS TRADICIONAIS À BASE DE SORGO.

1.2.1. Definição

As cervejas tradicionais à base de sorgo são cervejas tradicionalmente obtidas por fermentação alcoólica de um mosto preparado a partir de malte de sorgo. Estas cervejas são produzidas em vários países africanos, mas os processos de produção variam consoante a sua localização geográfica (François, 2013). São muito ricas em calorias, vitaminas B, incluindo tiamina, ácido fólico, riboflavina e ácido nicotínico, e aminoácidos essenciais como a lisina (Maoura, 2007).

1.2.2. Designação

As cervejas tradicionais à base de sorgo estão muito difundidas em várias regiões africanas e são conhecidas por uma variedade de nomes: *"Dolo"* em BOURKINA FASO, MALI e SENEGAL; *"Tchoukoutou"* em BENIN; *"Burukutu"* ou *"Pito"* na NIGÉRIA e no GANA; *"Tchakpalo"* no Níger e na Costa do Marfim; *"Bili bili"* no CHADE; *"Amgba"* no CAMARÃO; *"Ikigage"* no RUANDA; *"Impéké"* no BURUNDI, *"Utshwala"* na ÁFRICA DO SUL; *"Umusemburo* ou *Musururu"* na RD do CONGO (Odoufa, 1985). Onde quer que seja fabricado, *o "musururu"* é bebido fresco.

A "Musururu" tem geralmente uma cor castanha escura, um aroma agradável e um sabor ligeiramente ácido e doce. É uma cerveja preparada por um processo tradicional que envolve principalmente a fermentação espontânea de um mosto obtido a partir de sorgo germinado e uma grande quantidade de água (François, 2013).

1.2.3 Importância socioeconómica

A Musururu é muito apreciada por um segmento da população congolesa, onde desempenha um papel social evidente. Esta cerveja é frequentemente servida fresca nos cabarés, que são bares populares e locais de convívio (François, 2010). É uma cerveja tradicional, muito utilizada em certas festas e cerimónias comunitárias. *O "musururu"* também é vendido em quase todo o lado, nas ruas e nos mercados. Para alguns consumidores, o "*musururu*" é um eficaz matador de sede e um excelente substituto económico das cervejas produzidas industrialmente. É uma importante fonte de rendimento para as populações rurais (Baba-Moussa et al, 2012). Muitos fabricantes de cerveja, tanto em zonas urbanas como rurais, obtêm a maior parte dos seus lucros desta atividade. Produzir e vender "*musururu*" dá-lhes um certo grau de independência financeira. *O "musururu"* tem, portanto, uma importância socioeconómica considerável e deve ser tido em conta em qualquer ação de desenvolvimento destinada às mulheres na RD Congo (Konfo, 2016).

1.2.4. Tecnologia de produção.

Os processos tradicionais de produção de cervejas de sorgo são longos, complexos e variam de país para país e de região para região. No entanto, baseiam-se nos mesmos princípios. As três principais operações são a maltagem, a brassagem e a fermentação (Chevassus-Agnès et al, 1976).

1.2.4.1. Maltagem

A maltagem é uma operação que consiste em fazer germinar o grão com o aparecimento de um rebento (FAO, 1995). Também se refere a um processo pelo qual se obtêm açúcares e uma proporção adequada de enzimas para fermentação a partir do grão (Lasekan et al, 1995). Em geral, o poder diastásico do malte varia com a temperatura, o tempo de germinação e o teor de humidade do grão (Morral et al, 1995).

A maltagem compreende geralmente três etapas sucessivas: a maceração, a germinação e a secagem. Segundo Dirar (1978), 3 a 4 dias de germinação a uma temperatura compreendida entre 28 e 34°C, após pelo menos 22 horas de demolha dos grãos, permitem obter malte de muito boa qualidade a partir do sorgo. Durante a germinação, as enzimas (α- e β-amilases) produzidas no gérmen do grão espalham-se pelo endosperma e decompõem o amido em mono e dissacáridos (Hulse et al, 1980). A enzima mais ativa e abundante no malte de sorgo é a α-amilase, com uma relação β-amilase/α-amilase que varia entre 0,22/1 e 1/1 (Aisien, 1982). A secagem abranda a atividade destas enzimas, que acabam por ser inibidas quando o sorgo maltado e moído é colocado em suspensão aquosa (Dufour e Mélotte, 1992).

1.2.4.2. Cerveja.

O objetivo da produção de cerveja é solubilizar o mais possível as matérias solúveis em água da farinha de malte para obter uma mistura doce. As enzimas transformam o amido do malte e dos grãos crus em açúcares simples (glucose). A produção de cerveja consiste em adicionar água à farinha de malte (brassagem) e aquecer as misturas resultantes a diferentes níveis de temperatura (Belliard, 2001).

1.2.4.3. Fermentação

A fermentação dos cereais é uma prática muito difundida em África (Hounhouigan, 1994). Pode ser definida como um processo de modificações bioquímicas causadas por microrganismos e as suas enzimas em produtos de primeira transformação (FAO, 1995). Segundo Eskin et al (1983), a conversão de monossacáridos (glucose, frutose) e dissacáridos (lactose, maltose) em ácido pirúvico segue principalmente a via da glicólise. A via subsequente seguida pelo ácido pirúvico depende do tipo de microrganismo envolvido no processo de fermentação e do seu metabolismo: as bactérias lácticas convertem o ácido pirúvico em ácido lático através de uma reação de hidrogenação. As leveduras, por outro lado, convertem-no em etanol através de uma reação de descarboxilação (Leclerc et al, 1983). No processo tecnológico tradicional do "*musururu*", existe uma dupla fermentação: uma fermentação alcoólica sobreposta a uma fermentação láctica natural (François, 2010).

Na produção de cervejas de cereais, podem distinguir-se os dois tipos de fermentação láctica seguintes:

- ✓ Fermentação homoláctica, na qual a glucose é essencialmente transformada em ácido lático.
- ✓ Fermentação heteroláctica em que, para além do ácido lático, são produzidos outros compostos: dióxido de carbono, ácido acético, etanol e, por vezes, glicerol (Pasteur, 1995).

Os produtos formados durante a fermentação são o resultado da ativação de enzimas segregadas pelos substratos de hidratos de carbono, pelas bactérias homo e hetero fermentativas envolvidas na fermentação e pela microflora presente nos grãos de sorgo durante a produção. Os Quadros **2** e **3** mostram, respetivamente, as bactérias do ácido lático, as leveduras e os bolores isolados das cervejas de sorgo tradicionais em África.

Quadro 2: Espécies de bactérias lácticas identificadas em cervejas tradicionais de sorgo produzidas na África Subsariana.

Cerveja de sorgo	Espécies de bactérias do ácido lático	Métodos de identificação	Referência
Chibuku **(Zimbabué)**	*Lactobaciluus plantarum* *Lactobacillus delbrueckii* *Lactobacillus* sp	API 50 CH	Togo *et al*, 2002
Dolo e Pito **(Burkinafa, Gana)**	*Lactobacillus fermentum* *Lactobacillus delbrueckii subsp.* *Bulgaricus* *Pediococcus acidilactici*	API 50 CH, ITS-PCR RFLP, PFGE, Sequenciação do gene 16S Rdna.	Sawadogo-Lingani *et al*, 2007
Ikigage **(Ruanda)**	*Lactobacillus fermentum* *Lactobacillus buchneri*	API 50 CH	François *et al*, 2010
Tchakpalo **(Costa do Marfim**	*Lactobacillus fementum* *Lactobacillus cellobiosus* *Lactobacillus brevis*	API 50 CH, PCR-multiplex	Djè *et al*, 2009

Fonte: Coulibaly et al (2014)

Quadro 3: Espécies de leveduras identificadas em cervejas tradicionais de sorgo produzidas na África subsariana.

Cerveja de sorgo	Espécies de leveduras	Métodos de identificação	Referências
***Pito* (Gana)**	*Saccharomyces cerevisiae* *Candida tropicalis* *Kloeckera apiculata* *Hensenula anomala*	Testes fisiológicos e bioquímicos	Sefa-Dedeh *et al*, 1999
Bili-bili	*Saccharomyce cerevisiae* *Kluyveromyces marxianus* *Crptococcus albidius var. albidius* *Candida melibiosica*	PCR-RFLP da região NTS2, sequência do domínio D1/D2 do gene 26S rDNA, CHEF	Nanadoum *et al*, 2005
***Tchakpalo* (Costa do Marfim)**	*Saccharomyces cerevisiae* *Candida tropicalis* *Pichia kudriavzevii* *Kodamaea ohmeri*	PCR-RFLP da região ITS, sequenciação do domínio D1/D2 do gene 26S rDNA	N'guessan *et al*, 2011
***Ikigage* (Ruanda)**	*Saccharomyce cerevisiae* *Candida inconspicua* *Issatchenkia orientalis* *Candida magnolia*	API 20 C AUX, sequenciação da região ITS-5.8S rDNA	François *et al*, 2010
***Tchoukoutu* (Benim)**	*Saccharomyce cerevisiae* *Saccharomyces pastorianus* *Candida albicans* *Candida estchellsii*	API 20 C AUX	Kayodé *et al*, 2011

Fonte: Coulibaly *et al* (2014).

1.2.5. Adequação para o armazenamento de cervejas de sorgo.

A maioria dos alimentos tradicionais africanos feitos a partir de cereais fermentados deterioram-se rapidamente e tornam-se impróprios para consumo cerca de quatro dias após a produção. Estas alterações devem-se principalmente ao sabor desagradável ou à forte acidificação induzida pela atividade dos microrganismos após a produção (Kutpacripo *et al,* 2009). As cervejas de sorgo não são exceção a esta regra. O prazo de validade das cervejas de sorgo tem sido relatado como o principal problema enfrentado pelos fabricantes de cerveja no Sudão (Dirar, 1978), Tanzânia (Tisekwa, 1989), Nigéria (Sanni *et al*, 1999), Ruanda (François *et al*, 2010) e Benin (Dossou *et al,* 2011). Esta cerveja é consumida enquanto ainda está a fermentar.

O mosto não é reaquecido nem tratado de outra forma antes da adição do fermento, pelo que a cerveja contém sempre microflora residual, principalmente dos seus ingredientes. Foram isolados das amostras microrganismos como *Staphylococcus aureus, Escherichia coli, Bacillus subtilis, Aspergillus niger, Aspergillus flavus, Rhizopus stalonifer, Saccharomyces cerevisiae* e certas espécies de *Streptococcus, Proteus* e *Mucor*. A presença destes microrganismos nestas amostras pode ser atribuída a uma manipulação incorrecta (incumprimento das regras de higiene) durante a produção, o que pode estar na origem de problemas de saúde pública. De facto, certas estirpes de *E. coli* podem causar gastroenterites, infecções do trato urinário e diarreia (Kolawolé *et al*, 2007). De acordo com Baba-Moussa et al (2012), o ambiente e o manuseamento durante o fabrico e a comercialização são responsáveis pela contaminação destas cervejas.

Os autores acrescentam que pode ser importante confirmar estes resultados através do estudo da qualidade microbiológica das matérias-primas utilizadas na sua preparação antes da utilização. As actividades metabólicas das bactérias mesófilas do ácido lático são também apontadas como as principais responsáveis pela deterioração destas cervejas. Estas bactérias, juntamente com outras bactérias indesejáveis (Acetobacter), produzem ácido acético volátil que tem um mau sabor e odor frutado, tornando o sabor, o cheiro e a textura da cerveja inaceitáveis para os consumidores (François *et al*, 2013). O método de pasteurização rápida aumenta o prazo de validade das cervejas europeias industriais, destruindo os micróbios nocivos. Infelizmente, este processo não é aplicado à cerveja de sorgo fabricada tradicionalmente. As primeiras tentativas de pasteurização falharam porque conduziram a um aumento inaceitável da viscosidade da cerveja devido a uma maior gelatinização do amido e à eliminação das enzimas amilolíticas. Esta operação também eliminava a efervescência caraterística da cerveja, destruindo as leveduras activas (Novellie *et al*, 1986). Os resultados obtidos por Dossou *et al*, (2011) mostram que as cervejas de sorgo fermentadas com leveduras e o fermento comercial tradicional e estabilizadas por pasteurização a 60°C durante uma hora podem ser conservadas durante pelo menos 30 dias à temperatura ambiente.

Quadro 4: Características de algumas cervejas de sorgo e sugestões de medidas de melhoramento

Cerveja (País)	Matérias-primas	Principais fases	Sugestão de medidas de melhoria	
***Tchakpalo* (Benim/Costa do Marfim)**	Grãos de sorgo e/ou de milho	Maltagem, trituração, fabrico de cerveja, acidificação, fermentação	-filtração, -pasteurização (60°C/1h) -Utilização de um fermento lácteo (*Saccharomyce cerevisiae).*	Aka et al, 2008, Dossou et al, 2011
***Tchoukoutou* (Benim e Togo)**	Sorgo em grão	Maltagem, trituração, brassagem, fabrico de cerveja, acidificação, fermentação	Estabilização através da utilização da tecnologia do vinho rústico	Osseyi et al, 2011
***Bili-bili* (Chade)**	Grãos de sorgo	Maltagem, trituração, batedura, fabrico de cerveja, acidificação, fermentação.	Utilização de um fermento lácteo (*Saccharomyce serevisiae*)	Nanadoum et al, 2005
Ikigage	Grãos de sorgo	Maltagem, trituração, batedura, fabrico de cerveja, fermentação	Preparação de cerveja com folhas de *Vernonia amygdalina*	François et al, 2013
***Dolo* (Burkinafaso)**	Sorgo em grão	Maltagem, trituração, batedura, fabrico de cerveja,	Adição de sumo *de Hibiscus esculenta*	Traoré et al,2004.

fermentação

Fonte: Konfo, (2016).

1.3. COMUNIDADE DE INVESTIGAÇÃO

A nossa investigação foi efectuada na cidade de Goma e, mais especificamente, na comuna de Karisimnbi. A cidade de Goma está situada a sul do equador, entre 141° de latitude sul e 29°14 de longitude leste. (Mairie de Goma, 1999).

Faz fronteira a norte com o território de Nyiragongo, a sul com a província de Sud-Kivu e o Lago Kivu, a oeste com o território de Masisi e a leste com a República do Ruanda. [2]Cobre uma superfície de 66.824 km, ou seja, 11% da província do Kivu do Norte.

Está subdividida em comunas, estas em bairros e estes em avenidas e células. Os nomes e os limites das comunas da cidade de Goma constam do decreto-lei n.° 89-127 de maio de 1989. Estas comunas são as seguintes

- ✓ [2]A comuna de Goma cobre uma área de 33,372 km e tem sete distritos: Mikeno, Mapendo, Les Volcans, Katindo, Keshero, Himbi e Lac-Vert.
- ✓ [2]A comuna de Karimbi cobre uma área de 33.452 km e compreende 12 distritos: Kahembe, Murara, Bujovu, Majengo, Mabanga Norte, Mabanga Sul, Kasika, Katoyi, Nyabushongo, Ndosho, Mungunga e Virunga.

CAPÍTULO 2. MATERIAIS E MÉTODOS DE INVESTIGAÇÃO

2.1. Hardware

O material de base utilizado nesta investigação é constituído por :

- ✓ uma bebida "*musururu*" obtida de um fabricante de cerveja local (no distrito de Nyabushongo, em 28 de maio de 2017) (constituindo a amostra 1)
- ✓ as duas cervejas *musruru* produzidas em laboratório com a adição de 30% de sacarose (Amostra2) e 25% de sacarose (Amostra3)

As experiências de laboratório utilizaram o seguinte material meios de cultura, Erlenmeyer, béqueres, frascos, placas de Petri, pipetas, jarra anaeróbica, autoclave, incubadora, microscópio, lâminas, reagentes para coloração de Gram, balança, faca, peneiras, triturador, balde, pote, funil, garrafas de plástico, placas, medidor de pH, tubos de ensaio, picnómetro, alcoómetro, seringas esterilizadas, lâmpada de álcool, lâmpada de parafina, algodão, cronómetro e reagentes (NaOH, fenolftaleína).

2.2 Métodos .

Para atingir o nosso objetivo de investigação, foi utilizada a seguinte abordagem metodológica:

- ✓ Foi realizado um inquérito junto dos fabricantes e consumidores desta bebida alcoólica para recolher informações sobre as diferentes técnicas de fabrico.
- ✓ Com base nas recomendações do CE-ASEAN, 2005, foram revelados os pontos críticos em relação às várias operações unitárias no fabrico da referida bebida.

- ✓ Foi produzida uma bebida melhorada após o aperfeiçoamento dos pontos críticos da técnica tradicional.
- ✓ Por fim, foram efectuadas análises microbiológicas e físico-químicas da bebida melhorada em comparação com a bebida tradicional (não melhorada).

2.2.1. Levantamento das tecnologias locais para o fabrico da bebida "*musururu*

Um inquérito sobre a capitalização das variantes tecnológicas da produção de "*musururu*" em Goma foi efectuado na comuna de Goma, mais especificamente no distrito de Nyabushongo. O distrito foi escolhido por ser o lar de um grande número de consumidores e produtores da bebida.

A metodologia utilizada nesta investigação é a de um inquérito semi-estruturado baseado num guião de entrevista. As informações contidas no guião de entrevista referiam-se a dados pessoais, matérias-primas utilizadas, tecnologias de produção (fases, equipamento utilizado e duração das operações) e prazo de validade máximo.

Dada a falta de informação fiável sobre os intervenientes neste sector, os inquiridos escolhidos foram essencialmente fabricantes e consumidores de "*musururu*" que vivem no distrito selecionado. Os inquiridos foram escolhidos aleatoriamente com base na acessibilidade e na sua disponibilidade para fornecer informações. No total, foram entrevistados 15 fabricantes de cerveja e 10 consumidores.

2.2.2. Avaliação dos pontos críticos (PCC) num diagrama de fabrico

Por definição, um ponto de controlo crítico (PCC) é uma fase em que a monitorização pode ser efectuada e é essencial para prevenir ou eliminar um perigo para a saúde ou reduzi-lo a um nível aceitável (CE-ASEAN, 2005). A análise deve ser efectuada em cada fase do processo. Podem ser utilizados três métodos para determinar os PCC:

a) Utilização de árvores de decisão
b) Aplicação do método intuitivo
c) Aplicação da análise de risco ao diagrama de produção

No contexto da nossa investigação, foi utilizada a análise de perigos baseada no diagrama de produção. Para controlar o PCC, deve ser efectuada uma análise operação a operação no diagrama de fabrico, a fim de evitar ou eliminar qualquer perigo microbiológico, que pode ser de três tipos: contaminação, multiplicação e também a sobrevivência de microrganismos (Codex Alimentarius, 1999).

2.2.3. Ensaio de produção de "*Musururu*" no laboratório

Depois de termos investigado o processo de fabrico da cerveja tradicional "*musururu*" a nível local, passámos a fabricá-la a uma escala mais pequena (no laboratório), a fim de a melhorar. Para o efeito, procedemos da seguinte forma:

2.2.3.1. Preparação e pesagem das matérias-primas.

Os sorgos da variedade "Muyimbudu" (a variedade utilizada como matéria-prima no fabrico tradicional do "*musururu*") foram seleccionados e limpos com água da torneira para remover quaisquer impurezas (lama, grãos cortados, grãos podres, grãos imaturos). A limpeza dos grãos termina quando a água límpida começa a correr.

2.2.3.2. Maltagem.

Uma vez removidas todas as impurezas, os grãos de sorgo foram maltados utilizando as mesmas técnicas que as utilizadas pelos fabricantes de cerveja locais. Procedemos da seguinte forma: 5 kg de grãos de sorgo foram colocados de molho em 5 litros de água limpa da torneira (durante 1 dia). Em seguida, os grãos foram retirados da água e adicionou-se cinza. As sementes foram então espalhadas num saco e cobertas com outro saco. A germinação durou 2 dias, tal como a secagem solar. Os grãos germinados foram depois separados da cinza e moídos para produzir farinha.

2.2.3.3. Cerveja.

É a fase em que o amido e as proteínas são hidrolisados por enzimas em açúcares fermentáveis e compostos azotados. É durante esta fase que se obtém a infusão (Kikoma). A cerveja foi produzida através de uma única infusão. O fabrico da cerveja foi efectuado da seguinte forma:

- ✓ Limpeza, enxaguamento e desinfeção de todos os recipientes a utilizar;
- ✓ Aquecer 6 litros de água a 45-55°C e adicionar 3 kg de farinha de sorgo maltado, mexendo, manter esta temperatura durante 20 minutos para permitir a produção de protease e depois aumentar a temperatura para 62-65°C e mantê-la durante 30 minutos para permitir a produção de β-amilase. Depois de passar esta temperatura, a cerveja foi levada a uma

temperatura de 66-75°C durante 30 minutos para permitir a produção de α-amilase. A cerveja foi então aquecida a 100°C durante uma hora para destruir todos os vestígios de microrganismos (esterilização).

- ✓ A cerveja esterilizada foi então transferida para uma série de recipientes para permitir um arrefecimento rápido e evitar o risco de contaminação.

2.2.3.4. Filtragem.

A cerveja resultante era filtrada para a separar dos resíduos e de outras partículas sólidas, a fim de obter o mosto que seria utilizado para a fermentação.

2.2.3.5. Fermentação.

O mosto foi fermentado com a levedura *Saccharomyces cereviseae*. Os dois tratamentos foram efectuados em função da quantidade de sacarose utilizada. Para determinar a quantidade de sacarose a adicionar ao mosto, utilizámos a recomendação de Brun (2011), que diz que "a quantidade de sacarose a adicionar a um mosto deve corresponder a 30% do peso total do mosto utilizado e a levedura adicionada deve corresponder a 3%". Com base nesta recomendação, obtivemos um primeiro tratamento.

O segundo tratamento foi obtido através da redução da quantidade de sacarose a ser adicionada (25% em vez de 30%), a fim de avaliar o impacto deste facto na qualidade da bebida.

- ✓ **Primeiro tratamento**

Se a quantidade de mosto for 2 L ⟶ 2kg ⟶ 2000g

Sabemos que a quantidade de sacarose a adicionar corresponde a 30% do peso total do mosto, ou seja, 600g.

Como a quantidade de levedura a adicionar é de 3% do peso total do mosto, teremos 60g para adicionar.

- ✓ **Segundo tratamento**

Se a quantidade de mosto for 2L ⟶ 2kg ⟶ 2000g

Vamos adicionar uma quantidade de sacarose correspondente a 25% do peso total do mosto, ou seja, 500g, e 3% da levedura (ou seja, 60g).

O dispositivo de fermentação de cada tratamento foi encimado por um sistema de borbulhagem para permitir a saída do dióxido de carbono produzido. $_2$O desaparecimento do dióxido de carbono (CO) no borbulhador permitiu determinar a duração da fermentação (que foi de 7 dias).

2.2.3.6. Embalagem.

A cerveja obtida foi colocada em garrafas (garrafas de vidro de 333 ml) previamente desinfectadas com álcool etílico e sistematicamente lavadas com água quente. A cerveja foi então pasteurizada, aquecida num banho de água a 65°C durante 1 hora para destruir todos os vestígios de leveduras e microrganismos. As garrafas que continham a cerveja foram conservadas durante 13 dias no laboratório à temperatura ambiente.

2.2.4 Análise físico-química das bebidas "*musururu*

2.2.4.1. Recolha de amostras.

A amostra de 1 litro da cerveja tradicional "*musururu*" (***E_1***Esta amostra foi etiquetada, colocada numa caixa de gelo e enviada ao laboratório do Office Congolais de Contrôle (OCC/Goma) para diversas análises. No caso do "*musururu*" melhorado, as amostras foram obtidas após o seu fabrico no laboratório (segundo o método descrito na secção **2.2.3.** do segundo capítulo). E_2 e E_3.

2.2.4.2. Determinação do pH

O pH foi determinado com um medidor de pH potenciométrico utilizando um volume de 50 ml de amostra colocado num copo.

2.2.4.3. Determinação do teor de açúcar (°Brix) por refratometria.

O grau Brix foi determinado com um refratómetro ATAGO, utilizando 1 ml da amostra contida numa seringa de 10 ml.

2.2.4.4. Determinação da acidez volátil expressa em ácido acético

Para determinar a acidez volátil, utilizou-se o seguinte procedimento

- Tomar cerca de 20 ml da amostra e adicionar 100 ml de água destilada,

- Destilar a mistura e recolher 50 ml do destilado

-Titular com NaOH 0,1N até à mudança de cor na presença de fenolftaleína como indicador.

Os resultados são expressos em % de equivalente de ácido lático, que é calculado por :

$\mathbf{Ac}= \frac{vb-6{,}0}{V\,prise}\ \ en\,\frac{g}{l}$em que :

Vb= volume de NaOH ;

Vprise= volume da amostra ;

2.2.4.5. Determinação da acidez fixa expressa em ácido tartárico

Para determinar o teor de ácido tartárico, utilizou-se o seguinte procedimento

- Tomar 1 ml da bebida e adicionar 200 ml de água destilada quente,

- Titular com NaOH 0,1N na presença de fenolftaleína como indicador.

$\mathbf{Em} = \frac{vb\times 7{,}50}{V\,prise}\ \ en\,\frac{g}{l}$em que :

Vb= volume de NaOH ;

Vprise= volume da amostra ;

2.2.4.6. Determinação do título alcoométrico.

O título alcoométrico foi determinado por picnometria. Procedeu-se da seguinte forma:

- ✓ Pesar 100 g da amostra para ensaio (Pe) num balão de destilação e adicionar 50 ml de água destilada.
- ✓ Destilar e recolher 100 ml de destilado num copo com 10 ml de água destilada para evitar a evaporação da primeira gota de etanol.
- ✓ Determinar a densidade (d) do destilado por picnometria.

✓ Por fim, determinar o título alcoométrico volúmico a partir do quadro que indica o peso específico (densidade) e o teor de etanol correspondente a 20°C.

2.2.4.7. Determinação da densidade.

Para determinar a densidade, utilizámos o método picnométrico, medindo o peso de um volume preciso das amostras e referindo-o ao peso do volume equivalente de água destilada.

$$\mathrm{d} = \frac{(PV + échant.) - PV}{(PV + eau) - PV} = \frac{\text{Masse de l'échantillon}}{Masse\ de\ l'eau} = \frac{\mathrm{m}}{m'}$$

PV= peso em vazio (g) ;

PV+ech= peso em vazio + amostra (g) ;

PV + água= peso vazio + água (ml)

2.2.5. Análise microbiológica.

A qualidade microbiológica e higiénica das amostras foi avaliada através da contagem de bactérias mesófilas aeróbias totais (TAM), leveduras e bolores, enterobactérias, bactérias lácticas, coliformes totais e coliformes fecais após inoculação em meios nutritivos específicos. Os diferentes germes testados, a metodologia utilizada, os meios de cultura utilizados, a sua composição e preparação e as condições de incubação estão resumidos no quadro **5** abaixo.

Quadro 5: Composição e preparação dos meios de cultura utilizados na investigação

Microorganismos	Ambientes de cultivo	Composição	Preparação	Metodologia utilizada	Censo
FAMT	*PCA (Ágar para contagem de plantas)*	*Para 1 litro de meio: Triptona 5g, extrato de levedura autolítica 2,5g, glucose 1g, Agar Agar 15g*	*Suspender 23,5 g de pó desidratado em 1 l de água destilada ou desmineralizada. Levar lentamente à ebulição, mexendo até dissolver completamente x Distribuir em tubos ou frascos. Autoclavar a 120°C durante 15 minutos.*	*Verter o meio de cultura PCA nas placas. Retirar 1 ml de líquido de cada amostra e inocular no meio PCA x. Incubar a 37°C durante 24 horas*	*A contagem é efectuada em placas de Petri com 30 a 300 colónias.*
Coliformes totais e fecais	*Caldo Mac Conckey*	*Para 1 litro de meio: peptona de caseína 20g, lactose 10g, bílis seca de bovino 5g, púrpura de bromocresol 0,01g*	*Dissolver completamente 35 g num litro de água destilada. Depois de dividir 9 ml em tubos equipados com tubos de Durham invertidos, esterilizar por autoclavagem (15*	*Verter o meio de cultura (caldo Mac Conckey) para os tubos. Tomar 1 ml de cada amostra e inocular no meio. Incubar a 37°C durante 24 horas para coliformes totais e a*	*A presença de bactérias coliformes foi certificada pela acidificação do meio de cultura com ou sem produção de gás*

			minutos a 121°C).	*44°C durante 24 horas para coliformes fecais.*	*(tubo positivo)* [xx]
Leveduras e bolores	*Ágar Sabouraud dextrose*	*Para 1 litro de meio: peptona de carne 10g, glucose 35gr, ágar-ágar 15g, pH= 5,7* [xx]	*Suspender 60 g de meio desidratado num litro de água destilada ou desmineralizada. Levar lentamente à ebulição, mexendo até dissolver completamente. Distribuir em tubos ou frascos.*[xxx] *Autoclavar a 120°C durante 15 minutos.*	*Deitar o meio de ágar Sabouraud dextrose nas placas de Petri. Tomar 1 ml de cada amostra e inocular no meio. Incubar a 37°C durante 48 horas.*	*A contagem baseia-se em placas de Petri com 30 a 300 colónias.*
Enterobacteriaceae patogénicas (*E.coli* e Salmonella)	*Ágar Mac Conckey com violeta cristal*	*Para 1 litro de meio* [xx]*: peptona de caseína 17g, peptona de carne 3g, lactose 10g, mistura de sais biliares 1,5g, cloreto de sódio 5g, vermelho neutro 0,03g, violeta cristal 0,001g, ágar-ágar 13,5g*	*Suspender 50 g num litro de água destilada e deixar inchar durante 15 minutos. Aquecer até à dissolução completa. Autoclavar durante 15 minutos a 121°C.*	*Deitar o ágar violeta cristal Mac Conckey nas placas de Petri. Tomar 1 ml de cada amostra e inocular no meio. Incubar a 37°C durante 24 horas* [xxx].	*A contagem baseia-se em placas de Petri com 30 a 300 colónias.*

Bactérias do ácido lático	*Ágar Man, Rogasa e Sharpe (M.R.S.)*	*4 4 4 Para 1 litro de meio [xx]: peptona 10g, extrato de carne 8g, extrato de levedura 4g, glucose D(+) 20g, fosfato bipotássico 2g, citrato de amónio 2g, acetato de sódio 5g, MgS0 0,2g MnS0 0,05g, FeS0 0,04g, tween 80 1ml, Agar 15g*	*Suspender 66 g num litro de água destilada e deixar inchar durante 15 minutos. Aquecer até à dissolução completa. Autoclavar durante 15 minutos a 121°C.*	*Verter o meio (M.R.S.) nas placas de Petri. Tomar 1 ml de cada amostra e inocular no meio. Incubar a 37°C durante 24 horas*	*A contagem baseia-se em placas de Petri com 30 a 300 colónias.*

[x]Guiraud, 1998

[xx] Mercket, 1972.

[xxx] Difco, 1984

2.2.6. Análise estatística.

As diferentes análises foram efectuadas em três réplicas, a fim de obter uma boa média. As análises estatísticas (análise de variância ao nível de 0,05 e teste T de Student) foram efectuadas com o software R2.13.1.

CAPÍTULO 3: RESULTADOS E DISCUSSÃO DA INVESTIGAÇÃO.

3.1. TECNOLOGIA DE PRODUÇÃO E PONTOS CRÍTICOS IDENTIFICADOS DURANTE A PRODUÇÃO DA BEBIDA TRADICIONAL "*MUSURURU*".

Os resultados do inquérito semi-estruturado revelaram as diferentes tecnologias utilizadas pelos fabricantes de cerveja para produzir o "*musururu*". Permitiu-nos então identificar os diferentes pontos críticos no diagrama de produção desta bebida.

3.1.1. Variações tecnológicas na produção de *musururu*.

No final deste inquérito, identificámos três variantes tecnológicas diferentes para a produção de "*musururu*" em Goma. O diagrama de preparação destes diferentes tipos de *"musururu"* está resumido na Figura 1.

- ✓ O esquema tecnológico de produção tradicional (**variante 1**), representado na figura **1**, é utilizado por 20% dos fabricantes de cerveja inquiridos. Esta variante produz uma bebida com um teor alcoólico inferior ao das outras duas técnicas. Para esta bebida, a fermentação é provocada pela flora selvagem de leveduras que se desenvolve nos grãos de sorgo antes e depois da maltagem.
- ✓ O esquema de produção tecnológico tradicional (**variante 2**), representado na figura **1,** é utilizado por 70% dos fabricantes de cerveja inquiridos. Nesta variante, para além da flora selvagem que cresce nos grãos de sorgo, um fermento chamado "umusemburo ou nshungo" (uma quantidade da mesma bebida preparada anteriormente) é adicionado ao mosto antes da fermentação. O resultado é uma bebida altamente alcoólica, muito apreciada pelos consumidores.

- ✓ O diagrama tecnológico tradicional modificado (**variante 3**) apresentado na figura **1** e utilizado por 10% dos fabricantes de cerveja. Esta variante é obtida modificando a variante **2**, com a adição de mel para obter um hidromel que é também altamente alcoólico e muito caro em comparação com as duas variantes acima mencionadas.

A variante 2 foi objeto da nossa investigação porque é largamente consumida por um grande número de clientes e é ligeiramente mais barata do que a variante **3**, a do tipo hidromel. É também apreciada pelo facto de o seu sabor ser mais próximo das cervejas ocidentais de tipo lager produzidas por duas empresas da RD Congo (BRALIMA e BRASIMBA), pelo que, para os consumidores que não dispõem de meios, é uma boa cerveja de substituição por excelência destas cervejas ocidentais.

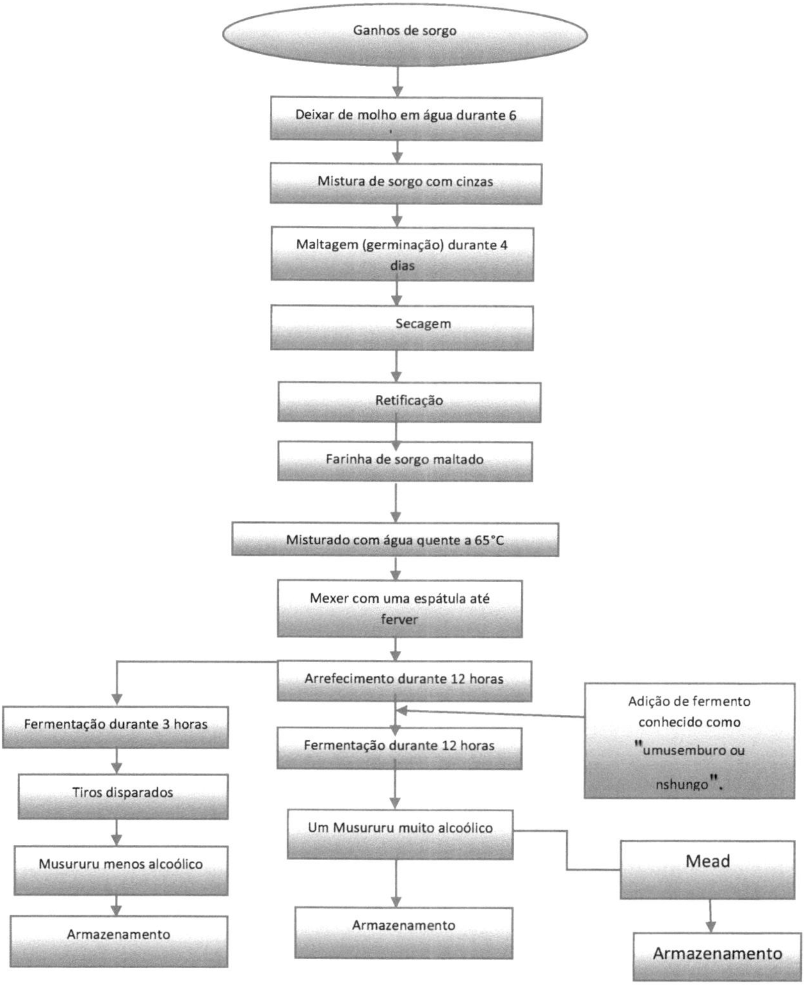

Variante 1 Variante 2 Variante 3

Figura 1Esquemas tecnológicos tradicionais para a produção de "musururu".

3.1.2 Pontos críticos identificados durante a produção do "*musururu*".

Após a identificação dos diferentes diagramas de produção "*musururu*" a nível local, procedeu-se a uma análise escrupulosa para determinar e controlar os pontos críticos.

Estes pontos críticos são os seguintes:

- **Escolha das matérias-primas:** os grãos de sorgo utilizados não são secos no campo antes da colheita, o que favorece o desenvolvimento de certos microrganismos de deterioração.

De acordo com Raemaekers (2001), a qualidade do produto acabado depende das matérias-primas utilizadas (cereais e água) e da tecnologia, uma vez que a transformação dos grãos afecta o seu valor nutricional e químico.

Este ponto crítico pode ser controlado através da utilização de grãos que tenham sido secos no campo ou na fábrica de cerveja antes do processo de fabrico.

- A **maceração:** a duração da maceração não é bem conhecida; é por vezes curta e por vezes longa, o que torna impossível obter o teor de humidade dos grãos recomendado para uma boa maltagem. Segundo Ballegou (2014), para obter um bom malte, os grãos em maceração devem atingir um teor de humidade de 45% após um dia de maceração. No entanto, no caso das cervejeiras locais, esta humidade dura apenas 6 horas, o que significa que os grãos não podem ser humedecidos eficazmente para uma boa maltagem. Este ponto crítico pode ser controlado respeitando o tempo de maceração de 1 dia recomendado por Ballegou (2014).

- **Maltagem:** por vezes, os cervejeiros fazem mal a maltagem, os grãos não são devidamente demolhados, o tempo de maltagem não é respeitado, o que resulta numa taxa inferior de grãos germinados, mas a qualidade da cerveja depende em grande medida da forma como a maltagem foi efectuada. Segundo Novellie et al, (1986), a maltagem desempenha um papel importante no processo de fabrico da cerveja, e a qualidade final da cerveja dependerá da forma como este processo é efectuado, uma vez que é nesta fase que os açúcares complexos são decompostos em açúcares simples. Para que estes açúcares complexos sejam transformados em açúcares simples, a maltagem deve durar 7 dias (Novellie et al, 1986). O período de 7 dias de maltagem é, portanto, necessário para controlar este ponto crítico.
- **Secagem:** os substratos utilizados não estão limpos e, como a secagem é tradicional (ao sol), é efectuada ao ar livre, num ambiente mal conservado, expondo o produto às intempéries, aos micróbios e aos predadores, o que conduz a riscos de prevalência de contaminantes e, sobretudo, de micotoxinas (aflatoxinas, fumonisinas, etc.). A limpeza das superfícies a utilizar antes e depois de cada utilização e a manutenção da área de secagem são essenciais para controlar este ponto crítico.
- **Moagem:** os moinhos utilizados para moer os grãos são também utilizados para vários outros produtos (cereais, legumes, etc.). Esta situação faz com que a farinha de sorgo seja misturada com outros produtos, o que tem um impacto negativo na qualidade do produto acabado. Este ponto crítico pode ser controlado através da utilização de moinhos especializados exclusivamente na moagem de sorgo.

- **Preparação:** esta fase é crítica porque as máquinas de fazer cerveja não respeitam o binómio tempo/temperatura para a produção das várias enzimas. O resultado é uma cerveja com baixo teor de açúcar fermentável. Além disso, a cerveja não é fervida durante o tempo suficiente para matar todos os microrganismos presentes na cerveja. Para controlar este ponto crítico, é necessário respeitar as etapas de temperatura para a produção das várias enzimas, bem como uma escala tempo-temperatura adequada para a esterilização da cerveja.
- **Fermentação:** é um ponto crítico na produção do "*musururu*", uma vez que é efectuada com um fermento chamado "umusemburo", obtido tradicionalmente e cuja verdadeira natureza é desconhecida. Por vezes, os cervejeiros utilizam mesmo o *musururu* da fermentação anterior como fermento.

De acordo com Clerck (1980), a verdadeira fermentação alcoólica deve ser efectuada por um fermento selecionado (*saccharomyce cereviseae)* pela sua capacidade fermentativa e aromática. A utilização do fermento selecionado *saccharomyce cereviseae* em vez do fermento tradicional "umusemburo" pode ajudar a controlar este ponto crítico e, assim, melhorar a qualidade da bebida.

- **Armazenamento:** o armazenamento é um ponto crítico porque, uma vez produzido o *musururu*, este é armazenado em recipientes que não são devidamente limpos, enxaguados e desinfectados. A limpeza e a desinfeção dos recipientes de armazenamento são necessárias para controlar este ponto crítico.

Depois de determinar os pontos críticos nos diagramas de diferentes variantes tecnológicas para a produção de "*musururu*", propusemos uma nova técnica de produção utilizando a levedura *Saccharomyce cerevisiae* como agente de fermentação. Assim, apresentámos um novo diagrama de produção melhorada, mostrado na Figura **2** abaixo.

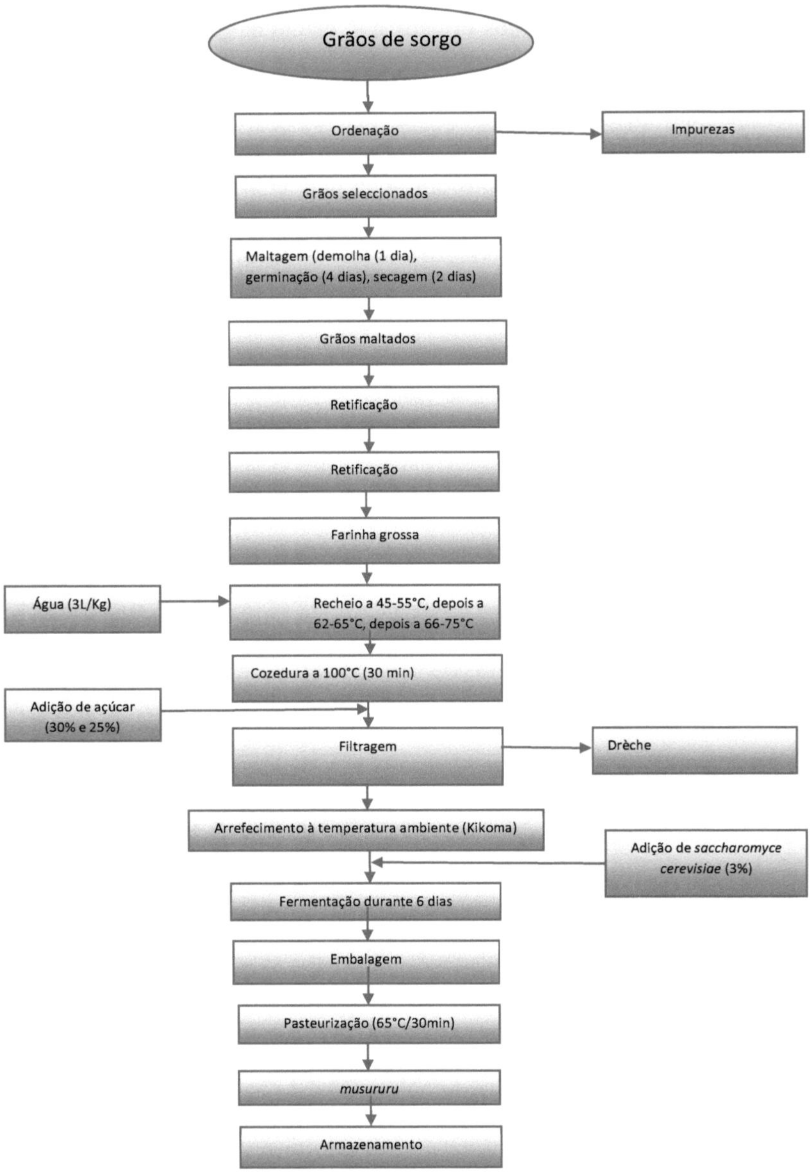
Grãos de sorgo
Ordenação
Impurezas
Grãos seleccionados
Maltagem (demolha (1 dia), germinação (4 dias), secagem (2 dias)
Grãos maltados
Retificação
Retificação
Farinha grossa
Água (3L/Kg)
Recheio a 45-55°C, depois a 62-65°C, depois a 66-75°C
Cozedura a 100°C (30 min)
Adição de açúcar (30% e 25%)
Filtragem
Drèche
Arrefecimento à temperatura ambiente (Kikoma)
Adição de *saccharomyce cerevisiae* (3%)
Fermentação durante 6 dias
Embalagem
Pasteurização (65°C/30min)
musururu
Armazenamento

Figura 2Diagrama de como o "musururu" é feito depois de os pontos críticos terem sido melhorados

3.2 Avaliação dos parâmetros físico-químicos durante a conservação de bebidas locais e melhoradas de "*musururu*".

Os parâmetros físico-químicos foram avaliados nas várias amostras de "musururu". Estas eram a bebida colhida de um fabricante local utilizando a tecnologia **n.º 2** na figura **1** (E_1) e duas bebidas melhoradas (E_2 & E_3) como mostra a figura 2

O quadro 6 mostra as alterações de vários parâmetros físico-químicos de cada bebida no momento inicial (**t=0**, logo após a fermentação) e após **13** dias de armazenamento. Um quadro adicional (**ver anexo 2**) compara as médias de cada parâmetro para três amostras durante um determinado período.

Tabela 6: Avaliação de vários parâmetros físico-químicos de cada bebida em função do tempo de armazenamento.

Amostras	*Tempo (dias)*	*Ph*	*Densidade*	*Teor alcoólico (% vol)*	*Acidez acética (g/l)*	*Acidez tartárica (g/l)*	*Brix*
E_1	*00*	*3,804±0,147a*	*2,003±0,13a*	*3,97±0,11a*	*0,91±0,02a*	*6,4±0,45a*	*10,4±0,7a*
	13	*3,002±0,14b*	*2,002±0,14a*	*3,02±0,14b*	*1,68±0,9b*	*5,02±0,15b*	*10,4±0,7a*
E_2	*00*	*4,009±0,147a*	*1,904±0,164a*	*3,77±0,11a*	*1,3±0,28a*	*6,36±0,081a*	*12,78±0,72a*
	13	*4,006±0,057a*	*1,903±0,12a*	*3,76±0,15a*	*1,33±0,27a*	*6,34±0,329a*	*12,77±0,09a*
E_3	*00*	*4,923±0,25a*	*1,804±0,15a*	*4,08±0,11a*	*1,27±0,02a*	*6,99±0,89a*	*13±1,41a*
	13	*4,925±0,22a*	*1,801±0,12a*	*4,09±0,31a*	*1,26±0,06a*	*6,98±0,35a*	*13±1,21a*

Os valores médios seguidos da mesma letra na mesma coluna e para a mesma amostra não são significativamente diferentes ao nível de 5%. 123 **E** : "Musururu" local obtido do fabricante; **E** : Musururu obtido por adição de 3% de levedura Saccharomyces serevisiae, 30% de sacarose e depois estabilizado por pasteurização normal; **E** : Musururu obtido por adição de 3% de levedura Saccharomyce serevisiae, 25% de sacarose e depois estabilizado por pasteurização normal.

O quadro **6** mostra que, para a amostra E_1 o pH, o teor alcoólico, a acidez acética e a acidez tartárica alteraram-se durante o armazenamento, uma vez que as análises estatísticas mostram diferenças significativas. Para as amostras E_2 *e* E_3, não foram observadas diferenças significativas durante o armazenamento. A comparação entre as diferentes bebidas, num determinado momento (tabela **6**), mostra que a amostra de controlo (E_1), obtida do fabricante, apresenta uma má conservação. Para esta amostra E_1, o teor alcoólico desceu de 3,97±0,11 para 3,02±0,14 após 13 dias de armazenamento. Esta diminuição deve-se ao facto de uma bebida alcoólica, após a fermentação, sofrer transformações se não tiver sido submetida a qualquer tratamento de estabilização (Konfo, 2016). Por exemplo, o etanol contido na cerveja é transformado em ácido acético (Renouf, 2013). No entanto, apesar desta redução, o teor alcoólico manteve-se dentro dos dois limites recomendados para a cerveja alcoólica, que variam entre 3,5 e 7% vol (Andrews et al 2013). Além disso, o pH diminuiu de 3,804±0,147 para 3,002±0,14 durante o armazenamento. Este fenómeno é fácil de explicar se o relacionarmos com o nível de álcool. Se o álcool se transformar em ácido acético, é evidente que o pH do meio diminui. Com a transformação do álcool, a acidez, nomeadamente o ácido volátil, aumenta e o pH do meio diminui (Hervé et al, 2008). Este facto explica o aumento do ácido acético de 0,91±0,02 para 1,68±0,29. Este fenómeno reforça a explicação dada para os fenómenos anteriores (diminuição do teor alcoólico e do pH). A oxidação do etanol (CH_3CH_2OH) é transformado em ácido acético (CH_3COOH), que é um ácido volátil (Ndamanisha e Nkuririmana, 2016).

O ácido tartárico diminuiu de 6,4±0,45 para 5,02±0,15. Esta diminuição pode ser explicada pelo facto de o ácido tartárico ser transformado em ácido acético pela ação de bactérias lácticas do género lactobacillus (Herve et al, 2008).

É de notar que, para as amostras (***E_2 e E_3)*** (obtidas por adição de açúcar, fermentação por *Saccharomyces* e pasteurização), não se registaram variações consideráveis dos parâmetros durante a armazenagem.

Todos estes parâmetros permaneceram os mesmos desde o início até aos 13e dias de armazenamento. Podemos então dizer que a pasteurização parece estabilizar todos os parâmetros que procuramos nas cervejas *"musururu"*.

3.3 Avaliação dos parâmetros microbiológicos durante a conservação de bebidas locais e melhoradas de *"musururu"*.

Os seguintes germes: flora mesófila aeróbia total, *Salmonella*, *E.coli,* coliformes fecais, coliformes totais, bactérias lácticas, leveduras e bolores foram identificados ou detectados nas três amostras diferentes de *"musururu"*

O quadro **7** abaixo mostra a evolução dos diferentes germes em cada bebida durante o armazenamento. Um quadro adicional (ver anexo **3**) mostra uma comparação entre as médias de cada germe em três amostras durante um determinado período.

Tabela 7: Evolução dos diferentes germes em cada bebida durante o armazenamento

Amostra	*Tempo*	*FAMT (UFC)/ml*	*Salmonella (CFU/ml)*	*E.coli (CFU/ml)*	*Coliformes fecais por ml*	*Coliformes totais por ml*	*Bactérias do ácido lático (CFU/ml)*	*Leveduras e bolores (CFU/ml)*
E_1	00	1970±70,7a	00±0,0	00±0,0	00±0,0	00±0,0	1720±31,11a	2030±7,07a
	13	2360±70,7b	00±0,0	00±0,0	00±0,0	00±0,0	2060±21,21b	2940±28,28b
E_2	00	470±28,28a	00±0,0	00±0,0	00±0,0	00±0,0	00±0,0	370±14,14a
	13	630±21,21b	00±0,0	00±0,0	00±0,0	00±0,0	00±0,0	410±14,14b
E_3	00	450±14,14a	00±0,0	00±0,0	00±0,0	00±0,0	00±0,0	370±14,14a
	13	475±7,07b	00±0,0	00±0,0	00±0,0	00±0,0	00±0,0	390±21,21b

$_{113}$E : Musururu obtido do fabricante, **E :** Musururu obtido por adição de 3% da levedura Saccharomyces cerevisiae, 30% de sacarose e estabilizado por pasteurização normal; **E :** Musururu obtido por adição de 3% da levedura Saccharomyce cerevisiae, 25% de sacarose e estabilizado por pasteurização normal; FAMT: Flora mesófila aeróbia total, UFC: Unidade formadora de colónias. Os valores médios seguidos pela mesma letra na mesma coluna e para a mesma amostra não são significativamente diferentes num limiar de 5%.

O quadro **7** mostra que *a E.coli*, *a Salmonella,* os coliformes fecais e os coliformes totais estavam ausentes das várias amostras. A ausência destes dois germes patogénicos (*E.coli, Salmonella*) não é surpreendente nas bebidas "*musururu*", uma vez que este não é um bom ambiente para o seu desenvolvimento. Devido à sua acidez, anaerobiose e pressão, a cerveja não é um meio adequado para o desenvolvimento de agentes patogénicos, que morrem rapidamente (Mol, 1991). As amostras $\boldsymbol{E_2}$***e*** $\boldsymbol{E_3}$ estão isentas de bactérias lácticas, enquanto a amostra $\boldsymbol{E_1}$ as contém e a quantidade varia com o tempo. Quanto aos outros germes que permanecem presentes nas três amostras (FAMT, bactérias lácticas, leveduras e bolores), a sua quantidade também se altera durante a conservação.

A acidificação progressiva da bebida "*musururu*" favorece a eliminação natural dos germes patogénicos do produto, de modo que, após alguns dias de produção, se obtém uma bebida mais sã a partir de um produto de base altamente contaminado (Soma, 2014). Esta ausência de agentes patogénicos (*E.coli, Salmonella*) e de flora indicativa de poluição fecal (coliformes fecais e totais) confere ao produto uma qualidade aceitável.

A ausência total de bactérias do ácido lático nas amostras ($\boldsymbol{E_2}$ ***e*** $\boldsymbol{E_3}$) deve-se ao facto de estas amostras terem sido pasteurizadas. Isto está de acordo com Nout (2003), que afirma que a pasteurização leva à destruição selectiva da flora microbiana presente nos alimentos.

Por outro lado, foram observadas alterações na flora mesófila aeróbia total, nas leveduras e bolores e nas bactérias lácticas nas diferentes fracções durante o armazenamento para a amostra ($\boldsymbol{E_1}$) obtida junto dos fabricantes, os valores da flora mesófila aeróbia total aumentaram de 1970±70,7 para 2360±70,7. Nas amostras estabilizadas por pasteurização, a flora mesófila aeróbia total aumentou de 470±28,28 para 630±21,21 para a amostra ($\boldsymbol{E_2}$) e de 450±14,14 para 475±7,07 para a amostra ($\boldsymbol{E_3}$).

A literatura científica sobre o *musururu* é muito escassa. Praticamente não existem normas específicas para este produto local. Como o "*musururu*" é uma bebida alcoólica, estes valores podem ser comparados com as normas de qualidade existentes para bebidas desta categoria. Nem sempre existe uma relação estreita entre um valor elevado de flora mesófila aeróbia total e a presença de microrganismos patogénicos (Ouathara, 2010). No entanto, como índice de qualidade sanitária, considera-se que existe um risco para a saúde do consumidor apenas se a flora mesófila aeróbia total for superior a 10^4 ufc/ml ou g (Quebec, 2015). Em princípio, uma flora mesófila aeróbia total superior a 10^5 à 10^6 cfu/ml ou g de produto provoca a deterioração do produto (índice de comercialização) (Quebec, 2015). Isto leva-nos a dizer que as duas amostras estabilizadas por pasteurização estão em conformidade com as normas e mesmo com a amostra obtida junto dos fabricantes, apesar das suas concentrações elevadas de flora aeróbia mesófila total.

A alteração das bactérias lácticas na amostra de controlo ($\boldsymbol{E_1}$), que passou de 1720±31,11 para 2060±21,216, pode ser explicada pelo facto de as bactérias lácticas serem introduzidas pelo ambiente e pelo equipamento utilizado. Alguns autores mencionam a presença de bactérias lácticas nas bebidas tradicionais africanas à base de cereais (Coulybali, 2013). Pensa-se que estas bactérias fazem parte do ambiente natural do fermento. Estas bactérias lácticas estão envolvidas na fermentação alcoólica e na hidrólise significativa de açúcares não fermentáveis (Aka et al, 2008). A consequência deste consumo de açúcares é uma redução do extrato seco e da densidade do "*musururu*".

As leveduras e bolores da amostra de controlo passaram de 2030±7,07 para 2940±28,28. A presença de leveduras e bolores em grande número nesta amostra deve-se, sem dúvida, ao facto de estes microrganismos serem trazidos pela fermentação natural e a sua evolução não é surpreendente, uma vez que esta amostra não foi submetida a qualquer tratamento de estabilização. Por outro lado, a presença e a evolução de leveduras e bolores nas amostras estabilizadas por pasteurização *(E_2 e E_3)*, que aumentaram de 370±14,14 para 410±14,14 na amostra E_2 e de 370±14,14 para 390±21,21 para a amostra E_3 é surpreendente porque não reflecte os resultados encontrados para os parâmetros (pH e teor alcoólico) que não se alteraram durante os 13 dias de armazenamento. Além disso, as bactérias do ácido lático estavam ausentes após a pasteurização e mesmo após 13 dias de armazenamento. Esta observação justifica uma investigação mais aprofundada.

CONCLUSÃO E PERSPECTIVAS

O objetivo desta investigação foi o de melhorar a bebida tradicional "*musururu*", que é feita à mão.

O levantamento efectuado no decurso desta investigação permitiu-nos identificar três variantes tecnológicas diferentes para a produção de "*musururu*" e identificar os pontos críticos associados a cada operação unitária de fabrico. Isto permitiu-nos preparar uma bebida em condições controladas.

As análises **físico-químicas** e microbiológicas foram efectuadas em "*musururu*" obtidos de fabricantes e desenvolvidos por nós.

As variantes tecnológicas da produção de "*musururu*", em comparação com as tecnologias modernas de fabrico de cerveja, distinguem-se pela maior complexidade da operação de fabrico, pela rapidez e brevidade da fermentação alcoólica pelo fermento tradicional e pela sobreposição da fermentação láctica.

A avaliação das características físico-químicas e microbiológicas do "*musururu*" obtido de fabricantes locais e do fabricado por nós (depois pasteurizado), revela que a amostra de controlo $\boldsymbol{E_1}$ apresentou uma variabilidade significativa ($P< 0,05$) no pH, no teor alcoólico, na acidez acética e na acidez tartárica durante o armazenamento.

As amostras estabilizadas por pasteurização parecem ser mais estáveis do que o controlo.

Esta mesma tendência foi observada para as análises microbiológicas para o controlo e revelou uma variabilidade significativa ($P<0,05$) em FAMT, bactérias do ácido lático e leveduras e bolores.

Tendo em conta os resultados obtidos na presente investigação, sugerimos um plano para o desenvolvimento e a prática da pasteurização para a conservação desta bebida, a fim de limitar o processo de alteração, infeção e intoxicação devido a microrganismos instalados no produto acabado. Isto pode ser feito facilmente, mesmo por fabricantes locais.

Para valorizar esta bebida popular, poderíamos tentar fazer um "*musururu* " pró-biótico. Para isso, precisamos de dominar todos os fenómenos que ocorrem na bebida durante a fermentação, fenómenos que resultam dos metabolismos de diferentes grupos de microrganismos. O Lactobacillus, com as suas numerosas propriedades tecnológicas, deve ser objeto de um interesse particular.

BIBLIOGRAFIA

1. Aka, s, Djeni, N.T, N'sugessan, K.F., Yao, K.C e DJP, K. (2008): Variabilidade das propriedades físico-químicas e enumeração da flora fermentativa de tchapolo, uma cerveja tradicional de sorgo na Costa do Marfim. Ciência Africana. Revista Internacional de Ciência e Tecnologia.
2. Alais et al, 1991: *Abrégé de biochimie alimentaire*. 4ª edição; Paris : Maisson- 160-165
3. Andrews et al, 2013. Estudo das alterações propostas ao padrão de identidade da cerveja canadiana. P22
4. Ainsien, A.O, 1982. Modificação enzimática do endosperma de sorgo durante o crescimento das plântulas e a maltagem. Journal of science of food and Agriculture, 33(8) 754-759.
5. Ballegou, 2014: Melhoria do processo tradicional de maltagem do sorgo (sorghum bicolor) para a produção de chakpalo. Afrique science. Revista internacional de ciência e tecnologia.
6. Barriere et al, (2003). Cultivo de sorgo descascado na África Ocidental e Central, situação atual e definição de um plano de ação regional.
7. Baba-Moussa, Adjanhoun, A., Attakpa, Kpavde, Gbenou, K., Simeon, 2012. Atividade antimicrobiana de três óleos essenciais do Benim em cinco germes orais: Teste de banhos bucais. Anais da Investigação Biológica. 3(11). 5192-5199
8. Bourgois, C., 1998, *La biere et la brasserie,* Presses Universitaires de France, Paris, P126

9. Belliard, F (2001). La préparation de bière de sorgho chez les joohe (Burkina-Faso), étude ethnolinguistique d'une technique. Journal des africanistes.

10. Bwanganga. T, Khady, Ba, Jacqueline. D, Poul. M, Françoi B. (2013). Rumo à integração do sorgo como matéria-prima para o fabrico moderno de cerveja. Université de liège Gemblaux Agro-Biotechnologie. (Bélgica).

11. CE-ASEAN, 2005: orientações sobre HACCP, boas práticas de fabrico e boas práticas de higiene para as pequenas e médias empresas.

12. Clerk, 1980 "Brewing Courses: Raw Materials, Manufacture and Installation. 2ª edição, vol 1.

13. Coulibaly, (2013). èmeEtude comparative de procède traditionnels de préparation d'une bière appelée " tchapalo " 2 journée annuelle de la SOACHIM, DAKAR-Ségal.

14. Coulibaly, W. H, N'guessan, K.F, Coulibaly.I. Djè K.M e Thonart. P (2014). Leveduras e bactérias lácticas envolvidas na cerveja tradicional à base de sorgo produzida na África subsaariana. (Síntese bibliográfica. Biotecnologia, Agronomia, Sociedade e Ambiente).

15. Codex Alimentarius: CAC/RCP 1-1969, Rev3 (1997), alterado em 19991.

16. Chevassus-Agnes et al, 1979. Tecnologia tradicional e valor nutritivo das cervejas de sorgo dos Camarões. Cah onerest, 2(1), 83-192.

17. Dicko, M.H., Guppen, H, Traoré, A.S., Van Berkel, W.S, e Voragen. A. G. (2005). Avaliação do efeito da germinação sobre os compostos fêndicos e os activos antioxidantes em variedades de sorgo. Journal of Agricultural and food chemistry.

18. Difco, 1984: Difcco Manual: Meios de cultura desidratados e reagentes para microbiologia. Tenthedition; Difco Laboratories; Michigan; EUA; 1155 páginas.
19. Dirar, H. A. (1978). A microbiological of judanese merisa brewing. Jornal de ciência alimentar.
20. Dossou, J. Ballogou, V e Desouza, C. (2011). Estudo comparativo da dinâmica microbiana e qualidade do chakpalo fermentado com levedura comercial (*Saccharomyces cerevisiea*) e fermento tradicional e estabilizado por pasteurização. Jornal de investigação científica da universidade de lome.
21. Dufour, S.P e Mellotte, 1992. Maltes de sorgo para a produção de uma cerveja lager. Journal of the American Society of Brewing Chemists. 50(3). 110-119
22. Eskin et al, (1983). Utilização de *Sacchoromyces* cerevisieae na produção de bili-bili, uma cerveja local de sorgo e milho. Proposta de melhoramento.
23. FAO, (1990) : Alimentação dos alimentos tropicais céréales ; coleção ; FAO : Alimentação e nutrição número 832
24. FAO, (1995). Sorghum and millet in human nutrition (Sorgo e painço na alimentação humana). Rome.
25. Arquivo Canadiano, (2013). Composição química de *Sorghum* bicolor do Canadá: Efeitos da secagem e do local de colheita.
26. François, 2013: Caracterização e melhoria da qualidade da cerveja tradicional ruandesa "Ikigage" feita a partir de sorgo. Université de liège, Gemloux Agro-Biotechnologie, (Bélgica), 208p

27. François, Kamaliza, G., Bajyana, E et Thanart, P.H, 2010. Características microbiológicas e físico-químicas da cerveja ruandesa "Ikigage". Jornal Africano de Biotecnologia, 9(27). 4241-4246.

28. Guiraud, 1998: *Microbiologie* alimentaire, Editions Dunod, Paris, 196p

29. Herve et al, 2008. Les bactéries lactiques en œnologie, Lavoisier /Tec et doc 172 p.

30. Hounhouigan, (1994). Caracterização e distribuição da frequência das espécies de bactérias lácticas envolvidas no processamento de mawe, uma massa de milho fermentada do Benim, Int. J. Food microbial (18). 279-287.

31. Hulse. J.H, Laing, E. M. e Pearson, O.E (1980). Sorghum and the millets, their compositions and nutritive value. Imprensa académica. 997pp.

32. Kolawole, Houhouigan, D.J, Nout, M.J e Nehof, A, 2007. Produção doméstica de cerveja de sorgo no Benim: tecnologia e aspectos socioeconómicos. International Journal of studie, 31(3). 258-264.

33. Konfo (2016). Práticas de produção endógena e eficácia dos extractos de plantas aromáticas na estabilização da cerveja de sorgo "Tchakpalo", no Benim. Universidade de Abomey-Calava (Benim).

34. Kutpacripo, J., Parawira, W., Tinofa, J.S Koudita, I. e Ndengu, C. (2009). Investigação da extensão do prazo de validade da cerveja de sorgo (chibuku) através da remoção da segunda conversão do malte. Revista internacional de microbiologia alimentar.

35. Laseken et al, 1995. Efeito da germinação e do grau de moagem (grosso/fino) no extrato e no teor de açúcar dos maltes de sorgo. Food Chemistry, 53(2). 125-128.

36. Leclerc, Hussan e Jakubizar, 1983. [e]Microbiologie général, 2 édition Doin Editeurs, Paris. 287P
37. Louise A, Poul K, Akanza e Marboua (2007). Growing sorghum well in sub-Saharan Africa. Afrique science. Revista internacional de ciência e tecnologia.
38. Câmara Municipal de Goma, (2002). A problemática do loteamento na cidade de Goma. Casos dos bairros Keshero e Katoyi.
39. Maoura, Mbailou, claude e jacque (2007). Controlo técnico analítico e microbiológico da "bilibili", uma cerveja tradicional do Chade. Afrique science. Revista internacional de ciência e tecnologia.
40. Marcket, 1972: *Manuel de microbiologie*, Dermestadt, Alemanha, 445p
41. Moll, T., Tebb, G., Surana, Robistsch e Nasmyth, 1991. The role of phosphorylation and the CDC28 protein Kinase in cell cycle-regulated nuclear import of the *S.* cerevisiae transcription fator 8w15. Cell, 66(4), 743-758.
42. Morrall, P., Boyd. H. K., Taylor, J.R.N e Van Der Walt. W. (1995). Efeito da germinação e do grau de granulação (ecourse, fine) no teor de extrato e açúcar do malte de sorgo. Rood chemistry.
43. N'da. A. et al 1996: Estudo comparativo dos processos tradicionais de preparação de uma cerveja local denominada tchapolo.
44. Ndamanisha J. C e Nkuririmana J. (2016). Efeito do consumo local de vinho de banana na eliminação de urina e urato: uma análise quantitativa. Revista africana de ciência e investigação.
45. Nout R. (2003). *Alimentação, transformação, conservação e qualidade*. Ciência africana. Revista internacional de ciência e tecnologia.

46. Novellie, L e Schaepdryver. P 1986. Modern developments in traditional African beers progress in industrial microbiology,

47. Odoufa, (1985). African fermented food in wood B.J.B, ed. Microbiology of fermented foods. Londres; Nova Iorque, EUA: Elsevier Applied Science Publishes, 155-191.

48. Pasteur L. (1995). Memória sobre a fermentação do ácido lático (Extraído pelo autor). Medicina Molecular. 59p

49. Quattara C.T.A (2010). Curso de microbiologia alimentar. Ufr-svt. Universidade de Ouagadougu. 67p.

50. Quebec,(2015). *Critérios microbiológicos aplicáveis aos géneros alimentícios, orientações para a interpretação*. Governo do Grão-Ducado do Luxemburgo.

51. Renouf, (2003). As fermentações malolácticas nos vinhos, Mecanismos e aplicações práticas, Lovoisier/ Tec et Doc. 223P

52. Raemaekers R, (2001). Agriculture en Afirique tropicale ; DGO ; Bruxeles ; Belgique, P.1634.

53. Sanni, Onilude, A. A., Fadahunsi e Afolabi, 1999. Determinação microbiológica de bebidas alcoólicas tradicionais na Nigéria. Investigação alimentar internacional.

54. Soma (2014). Utilização de cultura de lactobacillus fermentum na tecnologia de Zoom-Komm, uma bebida local à base de painço (Penisetum Glaucum) para melhorar a sua qualidade nutricional, sanitária e organoléptica. Dissertação de uma linha.

55. Tisekwa, B, (1989). Improvement of traditional manufacturing of sorghum beer (matama) in Tanzania: verbeting van het traditionele productic

process van sorghum beer (mtama) in Tanzania (Doctoral dissertation, Gent: Risksuniversiteit Gent). 225P

APÊNDICE

Apêndice 1: FORMULÁRIO DE INVESTIGAÇÃO

Data e local do inquérito

INFORMAÇÕES SOBRE O INQUÉRITO

Nome :

Idade :

Sexo: ....F......................... M............F....

MATÉRIAS-PRIMAS UTILIZADAS :

Que tipo de matérias-primas utiliza?

a. Sorgo
b. Milho + Sorgo
c. Sorgo + Mileto
d. Sorgo+Milho+Milheto

Acrescenta-se alguma coisa ao mosto antes da fermentação?

a. Açúcar
b. Mel.
c. Nenhum.

Adiciona-se alguma coisa à bebida depois da fermentação:

a. Açúcar
b. Mel
c. Não

TECNOLOGIA DE PRODUÇÃO.

Equipamento utilizado: que tipo de equipamento utiliza para produzir musururu?

a. Material plástico.
b. Material metálico

Fase de produção e duração das operações.

Maltage...Pendente :

Imersão..Pendente :

Germinação...Pendente :

Secagem...Pendente :

Cervejaria..Pendente :

Fermentação..Pendant :

Que tipo de fermento se utiliza para fazer Musururu?

a. Saccharomyce serevisieae
b. Lactobacillus fermentum
c. Saccharomyce serevisieae var elliptical
d. Saccharomyce uvarum
e. Fermento tradicional (Umusemburo).

Quanto tempo dura a fermentação do musururu?

a.12h

b. 24h

c. 48 horas

d. 72h.

Qual é o prazo de validade do musururu :

a. 1 dia
b. 2 dias
c. 3 dias
d. 7 dias
e. 14 dias
f. 21 dias

Apêndice 2. Quadro que mostra uma comparação entre as médias, para cada parâmetro, de três amostras para um determinado período

Amostras	Tempo (dias)	pH	Densidade	Teor alcoólico (% vol)	Acidez acética (g/l)	Acidez tartárica (g/l)	Brix
E_1	**00**	3,804±0,147a	2,003±0,13a	3,97±0,11a	0,9±0,02a	6,4±0,45a	10,4±0,7a
	13	3,002±0,14b	2,002±0,14a	3,02±0,14b	1,68±0,9b	5,02±0,15b	10,4±0,7a
		Média : 3,403	Média : 2,0025	Média : 3,495	Média : 1,29	Média : 5,71	Média : 10,4
E_2	**00**	4,009±0,147a	1,904±0,164a	3,77±0,11a	1,3±0,28a	6,36±0,081a	12,78±0,72a
	13	4,006±0,057a	1,903±0,12a	3,76±0,15a	1,33±0,27a	6,34±0,329a	12,77±0,09a
		Média : 4,0075	Média : 1,9035	Média : 3,665	Média : 1,315	Média : 6,35	Média : 12,775
E_3	**00**	4,923±0,25a	1,804±0,15a	4,08±0,11a	1,27±0,02a	6,99±0,89a	13±1,41a
	13	4,925±0,22a	1,801±0,12a	4,09±0,31a	1,26±0,06a	6,98±0,35a	13±1,21a
		Média : 4,924	Média : 1,8025	Média : 4,085	Média : 1,265	Média : 6,985	Média : 13

Apêndice 3 Quadro de comparação das médias, para cada germe, de três amostras durante um determinado período.

Amostra	Tempo	**FAMT (UFC)/ml**	***Salmonella* (CFU/ml)**	***E.coli* (CFU/ml)**	**Coliformes fecais por ml**	**Coliformes totais por ml**	**Bactérias do ácido lático (CFU/ml)**	**Leveduras e bolores (CFU/ml)**
E_1	**00**	1970±70,7a	00±0,0	00±0,0	00±0,0	00±0,0	1720±31,11a	2030±7,07a
	13	2360±70,7b	00±0,0	00±0,0	00±0,0	00±0,0	2060±21,21b	2940±28,28b
		Média : 2,165	Média : 00	Média : 00	Média : 00	Média : 00	Média : 1,890	Média : 2485
E_2	**00**	470±28,28a	00±0,0	00±0,0	00±0,0	00±0,0	00±0,0	370±14,14a
	13	630±21,21b	00±0,0	00±0,0	00±0,0	00±0,0	00±0,0	410±14,14b
		Média : 550	Média : 00	Média : 00	Média : 00	Média : 00	Média : 00	Média : 390
E_3	**00**	450±14,14a	00±0,0	00±0,0	00±0,0	00±0,0	00±0,0	370±14,14a
	13	475±7,07b	00±0,0	00±0,0	00±0,0	00±0,0	00±0,0	390±21,21b
		Média : 462,5	Média : 00	Média : 00	Média : 00	Média : 00	Média : 00	Média : 380

MIX
Papier aus verantwortungsvollen Quellen
Paper from responsible sources
FSC® C105338

Printed by Books on Demand GmbH, Norderstedt / Germany